AF455629

ENCYCLOPÉDIE-RORET.

ATLAS

DE

BOTANIQUE.

PARTIE ÉLÉMENTAIRE

Contenant 36 planches.

PARIS,
LIBRAIRIE ENCYCLOPÉDIQUE DE RORET,
RUE HAUTEFEUILLE, 12.

ATLAS

DE

BOTANIQUE

PARTIE ÉLÉMENTAIRE

Renfermant 36 Planches.

PRIX : 6 Fr.

PARIS
LIBRAIRIE ENCYCLOPÉDIQUE DE RORET,
RUE HAUTEFEUILLE, 12.

ATLAS

DE

BOTANIQUE

—

PARTIE ÉLÉMENTAIRE

—

PLANCHE I.

RACINES, BULBES, TUBERCULES, ETC.

Fig. 1. Racine fusiforme, à corps renflé et les deux extrémités amincies comme un fuseau *(raphanus sativus)*.
2. Racine napiforme, large, arrondie, se terminant brusquement en pointe *(brassica napus)*.
3. Racine conique, tronquée au sommet *(daucus carotta)*.
4. Racine mordue, tronquée à la base *(scabiosa succisa)*.
5. Racine ronde *(asarum europæum)*.
6. Racine rameuse (tous les arbres et arbrisseaux).
7. Racine tuberculifère, portant des tubercules ou renflements aptes à produire d'autres individus *(bunium bulbocastanum)*.
8. Racine didyme, formée de deux tubercules adhérents à leur partie supérieure *(orchis militaris)*.
9. Racine tuberculeuse palmée, à tubercules aplatis et divisés inférieurement en manière de doigts *(satyrium nigrum)*.
10. Racine digitée, divisée jusqu'à sa base en lobes peu allongés *(dioscorea alata)*.
11. Racine fasciculée, formée de plusieurs tubercules allongés, partant de la base de la tige, et rapprochés en faisceau *(lobelia nana)*.
12. Bulbe simple *(narcissus poeticus)*.
13. Bulbe composé *(allium sativum)*.
14. Bulbe solide, sans tuniques, d'une substance homogène *(scilla nutans)*.
15. Bulbe tuniqué, composé de plusieurs tuniques superposées *(allium cepa)*.
16. Bulbe écailleux, composé d'écailles imbriquées *(orobanche nudiflora)*.
17. Gemme naissant d'un bulbe *(colchicum autumnale)*.
18. Turion bulbifère *(colchicum montanum)*.
19. Bulbe composé *(allium vineale)*.

PLANCHE 2.

TIGES.

Fig. 1. Tige herbacée, se reproduisant annuellement.
2. Tige rampante *(trifolium repens)*.
3. Tige grimpante *(tamus communis)*.
4. Hampe nue; feuilles en rosette *(pinguicula vulgaris)*, radicales et humifuses.
5. Pédoncule radical *(convallaria polygonatum)*.
6. Tige semi-ligneuse, articulée *(fucus articulatus)*.
7. Le tronc (*pyrus domestica*).
8. Rhizome, ou tige rampante et souvent souterraine *(polypodium filix mas)*.
9. Bulbe rudimentaire du *poa bulbosa*, *a. b*, son chaume.
10. Stipe de palmier *(cocos nucifera)*.
11. Pédicule ou stipe de champignon *(phallus impudicus)*.

PLANCHE 3.

FEUILLES.

Fig. 1. Feuille arrondie *(mentha rotundifolia)*.
4. Feuille en cœur *(thlaspi cordatum)*.
7. Feuille orbiculaire peltée *(tropæolum majus)*.
8. Feuille lyrée *(quercus robur)*.
12. Feuille obovale (*samolus valerianđi*).
13. Feuille anguleuse *(tussilago farfara)*.
14. Feuille tronquée (*liriodendrum tulipiferum*).

15. Feuille ternée (*melilotus officinalis*).
18. Feuille palmée (*platanus orientalis*).
19. Feuille palmée-peltée.
20. Feuille simple, lobée *(vitis vinifera)*.
24. Feuille polytome *(fumaria officinalis)*.

PLANCHE 4.

Fig. 2. Feuille spatulée-crénelée *(bellis perennis)*.
3. Feuille spatulée *(linum campanulatum)*.
5. Feuille sagittée *(ceropegia sagittata)*.
6. Feuille hastée (*arum italicum*).
9. Feuille deltoïde (*populus fastigiata*).
10. Feuille sinuée-dentée (*lycopus europæus*).
11. Feuille lancéolée (*scilla lilio-hyacinthus*).
15. Feuille composée, ailée avec impaire (*robinia pseudo-acacia*).
17. Feuille incisée (*geranium moschatum*).
21. Feuille dentée (*papaver somniferum*).
22. Feuille cylindrique (*anœthum fœniculum*).
23. Feuille géminée (*pinus maritima*).

Fig. 25. Feuille pinnatifide (*polypodium serratum*).
26. Feuille pennée (*pedicularis comosa*).
27. Feuille digitée (*malva moschata*).
28. Feuille pectinée (*taxus canadensis*).
29. Feuille aiguillonnée.
30. Feuille verticillée (*asperula odorata*).

PLANCHE 5.

APPAREILS ACCESSOIRES.

Fig. 1. Epines.
2. Aiguillons simples (*rosa sœpium*).
3. Aiguillons doubles (*zanthoxylum americanum*).
4. Epines étoilées (*cactus speciosissimus*).
5. Nervation d'une feuille dépouillée de son parenchyme.
6. Feuille bractée (*tilia mycrophylla*).
7. Vrille (*fevillea hederacea*).
8. Collerette colorée du *cornus florus*.
9. Calice monosépale ou monophylle (*edwardsia grandiflora*).
10. Calice polysépale ou polyphylle (*campanula aurea*), stigmate quinquéfide.
11. Calice caliculé (*lavatera acerifolia*).
12. Calice pédiculé (*pelargonium quinque-vulnerum*).
13. Calice bractéolé (*plumbago auriculata*).
14. Calice tubuleux (*plumbago rosea*).
15. Collerette involucrale, et colonne staminifère (*passiflora alata*).

PLANCHE 6.

INFLORESCENCE.

Fig. 1. Fleurs verticillées (*brunella vulgaris*).
2. Fleurs en capitule (*cephalanthus occidentalis*).
3. L'épi et ses épillets (*lolium perenne*).
4. Epi circiné (*heliotropium grandiflorum*).
5. Chaton simple (*populus alba*).
6. Chaton globuleux (*broussonnetia papyrifera*).
7. Panicule (*bromus secalinus*).
8. Le thyrse (*lilas communis*).
9. La grappe penchée (*berberis vulgaris*).
10. La grappe droite (*samolus valeriandi*).
11. Ombelle simple (*anethum fœniculum*).
12. Ombelle simple (*butomus umbellatus*).
13. Cime (*nerium oleander*).
14. Le spadice (*dracontium polyphyllum*).
15. Faisceau (*dianthus armeria*).
16. Feuille florifère (*xylophylla falcata*).

PLANCHE 7.

COROLLES.

Fig. 1. Corolle monopétale uni-partite (*convolvulus scoparius*).
2. Corolle monopétale, irrégulière, bilabiée (*dracocephalum ruyschianum*).
3. Corolle bipétale (*circœa lutetiana*).
4. Corolle tripétale (*tradescantia virginiana.*)
5. Corolle tetrapétale (*boronia pinnata*).
6. Corolle pentapétale (*gentiana verna*).
7. Corolle hexapétale (*amaryllis crispa*).
8. Corolle heptapétale (*magnolia glauca*).
9. Corolle octopétale (*ranuculus ficaria*).
10. Corolle demi-fleuronnée, ou fleuron à languette (*calendula chrysanthemifolia*).
11. Corolle irrégulière (*platylobium formosum*).
12. Corolle anomale (*viola tricolor*).

PLANCHE 8.

COROLLES.

Fig. 13. Corolle monopétale (*hedichium angustifolium*).
14. Corolle monopétale irrégulière (*polygala speciosa*).
15. Corolle rotacée, ou en roue (*petræa volubilis*).
16. Corolle étoilée (*hypoxis stellata*).
17. Corolle campanulée (*convallaria maialis*).
18. Corolle oviforme ou urcéolée (*arbutus longifolia*).
19. Corolle campanulée ou en clochette (*spaendoncea tamarindifolia*).
20. Corolle infundibuliforme (*cerbera manghas*).
21. Corolle en cornet (*aquilegia canadensis*).
22. Corolle hypocratériforme (*rhexia holosericea*).
23. Corolle tubuleuse (*bryophyllum calicinum*).

PLANCHE 9.

COROLLES.

Fig. 24. Corolle ampulacée (*courtari guyanensis*).
25. Corolle en casque (*aconitum paniculatum*).
26. Corolle en gueule (*justicia bicolor*).
27. Corolle personnée, ou en masque (*mimulus glutinosus*).
28. Corolle orchidée (*cymbidium purpureum*).
29. Corolle cruciforme (*cardamine pratensis*).
30. Corolle rosacée (*hibiscus rosa-sinensis*).
31. Corolle caryophyllée (*cerastium arvense*).
32. Corolle papilionacée (*galega grandiflora*).

PLANCHE 10.

ÉTAMINES.

Fig. 1. Monandrie, une étamine *(hippuris vulgaris)*.
2. Diandrie, deux étamines *(veronica spuria)*.
3. Stigmate hérissé de papilles *(oryzopsis setacea)*, triandrie, trois étamines.
4. Tétrandrie, quatre étamines *(ixora coccinea)*.
5. Stigmate étoilé *(azalea coccinea)*, pentandrie, cinq étamines.
6. Hexandrie, six étamines *(alstroemeria ligtu)*.
7. Heptandrie, sept étamines *(æsculus hippocastanum)*.
8. Octandrie, huit étamines *(fuschia coccinea)*.
9. Ennéandrie, neuf étamines *(laurus camphora)*.
10. Décandrie, dix étamines *(salix colutoides)*.
11. Dodécandrie, douze étamines *(blakea trinervia)*.
12. Icosandrie, vingt étamines et plus, attachées sur le calice *(cactus truncatus)*.
13. Polyandrie, vingt à cent étamines insérées sur le réceptacle *(cistus ladaniferus)*.

PLANCHE 11.

ÉTAMINES ET PISTILS.

Fig. 14 A. Etamines didynames, gymnospermie *(germanea urticæfolia)*.
14 B. Stigmate en godet *(thumbergia fragrans)*, didynamie angiospermie.
15. Tétradynamie siliculeuse, *a*, *b*, *(hesperis alliacea)*.
16. Etamines monadelphes *(vieusseuxia glaucopis)*.
17. Etamines diadelphes *(clitoria pudica)*.
18. Etamines polyadelphes *(hypericum hircinum)*.
19. Polygamie frustranée *(coreopsis elegans)*.
20. Gynandrie *(greuwia occidentalis)*.
21. Monoécie *(corylus rostrata)*, *a*, fleur femelle.
22. Dioécie *(cannabis sativa)*.
23. Stigmate en tête ou sphérique *(musa sapientum)*, polygamie.
23 *a*. Stigmate en massue.

PLANCHE 12.

FRUITS.

Fig. 3. Gousse cloisonnée transversalement *(cassia fistula)*.
6. Gousse comprimée *(poincinia pulcherrima)*.
11. Capsule hérissée, biloculaire *(datura stramonium)*.
12. Capsule ligneuse, hameçonnée *(martinia annua)*.
14. Capsule pyramidale *(hibiscus esculentus)*.
21. Samare *(ulmus campestris)*.
22. Cône ou strobile *(pinus silvestris)*.
23. Cupule du gland de chêne *(quercus robur)*.
24. Noyau du drupe du *juglans regia*, improprement nommé noix.

PLANCHE 13.

FRUITS.

Fig. 1. Silique *(cheiranthus erysimoides)*.
2. Silicule *(lunaria annua)*.
4. Gousse articulée *(scorpiurus sulcata)*.
5. Capsules à valves élastiques, se roulant sur elles-mêmes lors de la déhiscence.
7. Coque biloculaire, entière, et à loges séparées *(chærophyllum aromaticum)*.
9. Follicule ventrue *(asclepias nigra)*.
10. Capsule, ou phyllode, ou boîte à savonnette *(anagallis arvensis)*.
16. Capsules étoilées *(illicium anisatum)*.
17. Capsule en poignard *(hakea pungioniformis)*.
18. Capsules réunies prolongées en bec *(geranium inquinans)*.
19. Capsule à barbe plumeuse *(clematis erecta)*.
20. Akène, couronné d'une aigrette sessile *(galinsoga trilobata)*.
29. Drupe sec, muni de trois appendices grêles *(ceratophyllum demersum)*.

PLANCHE 14.

FRUITS.

Fig. 8. Coque triloculaire *(stackousia monogyna)*.
13. Capsule vésiculeuse, trigone *(kœlreuteria paniculata)*.
14. Drupe pulpeux : *a*, entier; *b*, dépouillé d'une partie de sa pulpe pour laisser voir le noyau *(euphoria lit-chi)*.
15. Capsule anomale du *courtan guyanensis*.
25. Baie couronnée *(myrtus communis)*.
26. Baie à un noyau *(cornus mascula)*.
27. Baie sphérique *(ribes rubra)*.
28. Baie ovoïde *(symphoricarpos racemosus)*.
31. Drupe à noyau crustacé *(phœnix dactylifera)*.
32. Drupe sec, à rebords membraneux *(paliurus aculeatus)*.
33. Sorose *(rubus saxatilis)*.
34. Péponide hérissée de pointes *(cucumis prophetarum)*.
35. Pomme *(malus sempervirens)*.
36. Pomme bacciforme *(sorbus aucuparia)*.

PLANCHE 15.

GRAINES.

Fig. 1. Graine à aigrette soyeuse *(asclepias syriaca)*.
2. Graine doublement ailée *(bignonia indica)*.
3. Samare linguiforme *(acer eriocarpum)*.
4. Graine couronnée en volant *(centaurea erupinoides)*.

Fig. 5. Graines osseuses *(rosa villosa)*.
6. Drupe à style persistant; 6 *a*, son noyau *(pontederia cordata)*.
7. Drupe à noyau ligneux *(amydalus nana)*.
8. Drupe à noyau marqué de cinq sillons *(chrysobolanus icaco)*.
9. Cupule charnue *(zamia pumila)*.
10. Cupule écailleuse, *a*, devenant succulente à la maturité 10, *(podocarpus asplenifolia)*.
11. Capsule pyriforme *(pavia macrostachia)*; la graine, 11 *a*.
12. Graines arillées du *trichilia palustris*.
13. Baie capsulaire en forme de drupe *(myristica aromatica)*, couverte de son arille.
14. Graine couverte d'un tégument épais et fongueux, comparable à une arille *(pistia stratiotes)*.
15. Fruit de l'*arachys hypogœa*.
16. Nuculaine *(nelumbium speciosum)*, 16 *a*, nucule séparée.
17. Graine comprimée, offrant une *face*, un *dos* et un bord *(momordica balsamina)*.
18. Graine réniforme et striée *(alcea rosea)*.
19. Graine enveloppée de coton *(gossypium herbaceum)*.
20. Capsule oblongue, ailée *(combretum laxum)*.
21. Graine colorée *(erythrina corallodendron)* rouge et noire.
22. Graine ayant sa chalaze colorée *(abrus precatorius)* noire.
23. Graine colorée *(coix lacryma)* bleuâtre.

PLANCHE 16.

GERMINATION.

Fig. 3. Pas de cotylédons *(equisetum fluviatile)*.
7. Cotylédon unique du *zea mais*.
8. Cotylédon du *juncus articulatus*.
9. Cotylédon de la *commelina cristata*.
11. Cotylédon de l'*asphodelus fistulosus*.
12. Germination du *phormium tenax*.
13. Cotylédon de l'*ornithogalum longibracteatum*.
14. Germination singulière du *trapa natans*.
15. Radicule pivotante, deux cotylédons *(plantago lagopus)*.
16. Cotylédons épais du *mirabilis longiflora*.
17. Cotylédons à oreillettes de l'*hyssopus myrtifolius*.
18. Cotylédons du *leonurus cardiaca*.
19. Cotylédons du *phlomis herba-venti*.
22. Cotylédons du *lobelia longiflora*.
24. Cotylédons du *cleoma viscosa*.
26. Germination et floraison rapide du *petaloma mouriri*.
30. Radicule divisée, prenant le nom de racine, et feuilles primordiales *(urtica dioica)*.
31. Cotylédons du *myrica cerifera*, ponctués comme les feuilles.

PLANCHE 17.

GERMINATION.

Fig. 1. Pas de cotylédons *(conferva inflata)*.
2. Pas de cotylédons *(gymnostomum ovatum)*.
4. Cotylédon du *costus speciosus*; sa radicule et ses radicelles.
5. Cotylédon du *carex maxima*.
6. Cotylédon de l'*holcus saccharatus*.
10. Cotylédon du *tradescantia virginica*, soulevant l'opercule de la graine.
20. Tigelle du *convolvulus jalapa*.
21. Premier développement de la plumule *(stapelia variegata)*.
23. Cotylédons de l'*argemone mexicana*.
25. Cotylédons du *liriodendron tulipifera*.
27. Feuilles primordiales du *mimosa pudica*.
28. Cotylédons du *phaseolus communis*.
29. Tigelle de la *momordica elaterium*.
32. Cotylédons, au nombre de deux, profondément incisés, du *cedrus libani*.

PLANCHE 18.

ORGANES INTÉRIEURS.

Fig. 1. Tissu cellulaire membraneux, percé d'un grand nombre de pores, formant des tubes ou des cellules aréolaires. (Très-grossi) vaisseaux poreux.
2. Vaisseaux moniliformes, ou en chapelet.
3. Fausses trachées ou vaisseaux fendus, plus ou moins grossies.
4. Trachée, à lames roulées en spirale; les bords de la lame, *c*; spirale simple, *a*; spirale double, *b*.
5. Tissu membraneux formant des cellules alvéolaires, et des tubes ou vaisseaux propres.
6. Tissu cellulaire allongé, constitué en fibre ligneuse, à cellules fort allongées et tubulaires.
7. Portion d'un gros vaisseau ligneux, avec ses pores et ses fentes.
8. Liber et portion d'écorce du bois-dentelle *(lagetta linteuria)*.
9. Coupe de la tige du *dracœna reflexa*; *a* et *b*, l'écorce, dont la partie *a* est desséchée; *c*, filets ligneux endurcis et rapprochés; *d*, filets ligneux dont les petits vaisseaux ont encore toute leur élasticité.
10. Coupe transversale d'une portion de racine du *nymphœa lutea*. L'écorce, *a*; le tissu médullaire, *b*; un cylindre ligneux, *c*; des rayons allant du centre à la circonférence, *d*.
11. Coupe transversale d'une tige de vigne *(vitis vinifera)*; *a*, l'écorce; *b*, le bois; *c*, la moelle.
12. Tissu cellulaire constituant les cotylédons, de la *parnassia palustris*.
13. Poils en navette, très-grossis *(malpighia urens)*.
14 Poils en enclume, très-grossis *(humulus lupulus)*.

PLANCHE 19.

MÉTHODE NATURELLE.

Fig. 1. Champignon *(dictyophora campanulata)*.
2. Algue *(fucus natans)*.
3. Hépatique *(jungermannia epiphylla)*, 3 *a*, sa capsule grossie.
4. Fougère *(trichomanes pixidiferum)*; 4 *a*, sa fructification grossie.
5. Nayadée *(chara haitensis)*.
6. Mousse *(climacium europœum)*, avec son urne et sa coiffe grossie.
7. Aroïdée *(arum maculatum)*, avec son spadice dont on a ôté la spathe.
8. Palmier; feuilles en éventail, couronnant un stipe *(chamærops humilis)*.
9. Orchidée *(thiebautia nervosa*, Thieb.), avec un de ses rameaux grossi pour montrer sa fructification à chaque articulation. Fleur et capsule réduites au tiers de grandeur naturelle (voir *planche* 29).
10 *a*. Euphorbiacée *(euphorbia officinarum)*; *a*, l'involucre, des fleurs stériles et une fleur fertile.
10 *b*. Conifère. Une écaille détachée d'un chaton mâle avec ses anthères, et chaton femelle légèrement entr'ouvert.
10 *c*. Amentacée *(ulmus campestris)*. Corolle ouverte, laissant voir ses cinq étamines, et pistils avec ses deux stigmates épais.

PLANCHE 20.

MÉTHODE NATURELLE.

Fig. 11. Fleur du *santalum album*, ouverte pour montrer les organes de la fécondation; 11 *b*, la fleur non ouverte; 11 *a*, l'étamine.
12. Fleur du *laurus persea*.
13 *a*. Fleur de l'*amaranthus paniculatus;* 13 *b*, calice et pistil; 13 *c*, ovaire coupé pour laisser voir sa loge et son ovule.
14. Fleur de la *napoleona cœrulea*, à corolle rotacée, multifide; 14 *a*, son calice; 14 *b*, étamine pétaloïde.
15. Fleur de la *gesneria tomentosa;* 15 *a*. la corolle ouverte pour montrer l'insertion des étamines; 15 *b*, insertion du pistil.
16 A. Inflorescence simple; fleurs géminées *(linnœa borealis)*. 16 *a* sa fleur; 16 *b*, son pistil et ses étamines.
16 B. Fleur synanthérée de l'*emilia flammea*.
16 C. Fleuron du *cacalia sagittata*.
17. Fleurs de l'*eryngium maritimum*, de la famille des ombellifères; une de ses fleurettes pour montrer le calice, les étamines et les deux stigmates.
18. Fleur solanée. *a*, sa corolle ouverte pour laisser voir l'insertion des étamines; *b*, son pistil.
19. Fleur du *stackhousia monogyna*, famille des rhamnées; 19 *a*, son calice et ses cinq étamines; 19 *b*, son pistil.

PLANCHE 21.

AGAMIE. CHAMPIGNONS.

Fig. 2. *clathrus cancellatus*, sorti de sa volva; 2 *a*, au moment où sa volva s'ouvre.
3. *Morchella encephaloides.*
4. *Agaricus radians*; 4 *a*, coupe verticale du chapeau; 4 *b*, fragment de lamelle grossi; 4 *c*, les thèques et viscules spermatiques de Bulliard; 4 *d*, les sporules.
10. *Tremella bodia.*

PLANCHE 22.

AGAMIE. CHAMPIGNONS.

Fig. 1. *Tuber griseum*; 1 *a*, coupée pour laisser voir les peridium naissant.
5. *Lycoperdon verrucosum*; 5 *a*, sa coupe verticale; 5 *b*, portion de tissu chargé de ses propagules.
6. *Fuligo cerebrina*; 6 *a*, structure intérieure, grossie; 6 *b*, portion de la plante grossie.
7. *Carpobolus cyclophorus*; 7 *a*, grandeur naturelle; 7 *b*, grossi, au moment de son parfait développement; 7 *c*, sa coupe verticale.
8. *Arcyria rosea.*
9. *Sclerotium clavus*, et sa coupe verticale.
11. *Nidularia striata*; 11 *a*, grandeur naturelle; 11 *b*, sa coupe verticale; 11 *c*, le péridium grossi.

PLANCHE 23.

NAYADES ET MOUSSES.

Fig. 1. Nayadée *(marsilea quadrifida)* réduite à moitié grandeur.
2. — base d'un de ses pétioles portant deux involucres capsulaires.
3. — un involucre grossi, coupé en travers.
4. — une étamine grossie.
5. Mousse *(hypnum kittelii)*.
6. — un de ses rameaux séparé.
7. — un autre rameau où l'on voit la direction des feuilles et le périchèze.
8. — une feuille séparée d'un rameau et grossie.
9. — feuille détachée de la tige, grossie.
10. — rameau grossi, montrant le pédoncule fourni par le périchèze.
11. — feuille du périchèze.
12. — gaîne contenue dans le périchèze, entourée de filaments articulés.
13. — urne grossie, avec son péristome annelé.
14. — une partie grossie du péristome interne et externe.
15. — spores grossis.
16. — urne munie de son opercule.
17. — l'opercule vu séparément.

PLANCHE 24.

FOUGÈRES ET PALMIER.

Fig. 1. Fougère, *schizæa elegans.*
2. Palmier, *elais melanococca.*
3. Fougère, *lygodium circinatum.*

PLANCHE 25.

GRAMINÉES.

Fig. 1. Graminée *(zea maïs).*
2. — épillet géminé grossi.
3. — épillet biflore, perdant son pollen.
4. — tunique ou membrane foliaire.
5. — rafle garnie de ses rangées longitudinales de graines.

PLANCHE 26.

ASPHODÉLÉES.

Fig. 1. Asphodélée, *phormium tenax* ou lin de la Nouvelle-Zélande.
2. — la fleur épanouie, demi-grandeur naturelle.
3. — le pistil.
4. — l'ovaire coupé pour montrer les loges des ovules.
5. — une capsule, le tiers de grandeur naturelle, munie du calice persistant, et entr'ouverte pour faire voir ses trois valves et ses graines.

PLANCHE 27.

ASPHODÉLÉES.

Fig. 1. Asphodélée, *littæa geminiflora,* ou *bonapartea juncea.*
2. — portion supérieure de l'épi, au quart de grandeur naturelle.
3. — une fleur épanouie, moitié de grandeur naturelle, avec son écaille à sa base.
4. — portion de fleur montrant l'insertion des étamines et du pistil.

PLANCHE 28.

AMOMÉES.

Fig. 1. Amomées, *mantisia saltatoria,* au quart de grandeur naturelle.
2. — une fleur vue postérieurement, avec ses appendices relevés en cornes.
3. — élargissement terminant le grand axe, vu à l'intérieur, et montrant les deux étamines entre lesquelles le style s'enfonce.
4. — anthère grossie, couverte du pollen qui s'en échappe.
5. — pistil grossi.

PLANCHE 29.

ORCHIDÉES.

Fig. 1. Orchidacée, *thiebautia nervosa*, au sixième de grandeur naturelle.
2. — sa hampe.
3. — son étamine surmontée d'une anthère operculaire.
4. — un des deux pétales intérieurs.
5. — le pétale supérieur.
6. — un des deux pétales extérieurs et inférieurs.
7. — le tablier ou labelle.
8. — le pistil, vu de côté.
9. — la partie supérieure du pistil, après la chute de l'opercule.
10. — l'opercule, avec l'anthère vu par dessous.
11. — le même, vu par devant.
12. — le même, vu par dessous après la chute de l'anthère.
13. — les globules de l'anthère bilobé, nageant dans l'eau.
14. — ovaire prismatique observé quelques instants après la fécondation.
15. — la capsule au moment où elle s'ouvre par ses angles.

PLANCHE 30.

APOCYNÉES.

Fig. 1. Apocynée, *theophrasta americana*.
2. — sa fleur de grandeur naturelle.
3. — son fruit porté par le calice adhérent.
4. — le même, coupé pour montrer l'arrangement des graines.
5. — une graine de grandeur naturelle.

PLANCHE 31.

MALPIGHIÉES.

Fig. 1. Malpighiacée, *erythroxilon peruvianum*, la *coca* des indigènes américains.
2. — sa fleur, d'un jaune doré.
3. — ses dix étamines sur une membrane qui cache l'ovaire.
4. — l'ovaire et ses trois styles.
5. — son fruit surmonté par les trois styles persistants.

PLANCHE 32.

PASSIFLORÉES.

Fig. 1. Passiflorée, *passiflora cœrulea*; var. *urania*.

PLANCHE 33.

CONIFÈRES.

Fig. 1. Conifère, *cedrus libani*; un de ses rameaux, portant au sommet un chaton de fleurs mâles, et, en bas, un cône ou strobile femelle.
2. — chaton mâle, moitié de sa grandeur naturelle.
3. — cône ou strobile, au tiers de sa grandeur naturelle.
4. — une écaille du strobile, vue du côté qui porte les deux graines chacune munie de son aile.

PLANCHE 34.

AMENTACÉES.

Fig. 9. Amentacées, l'orme de Brignoles, département du Var *(ulmus campestris)*.

La plantation de cet arbre remonte au commencement du treizième siècle; il se trouve sur la place publique et couvre une fontaine de son ombre. Son tronc a neuf mètres de circonférence, trois de hauteur; il est creux, et, en 1813, servait d'habitation à un cordonnier ambulant. Une de ses branches a été rompue dans l'hiver de 1789, et les habitants, pour conserver ce patriarche de la végétation, ont fait murer son tronc caverneux, et soutenir sa principale branche au moyen d'une colonne en pierre de taille.

PLANCHE 35.

ARISTOLOCHIÉES.

Fig. 1. Nymphéacée, germination du *nelumbo speciosum*.
2. Aristolochiées, *aristolochia macrophylla*.
3. — une fleur réduite à la moitié de sa grandeur naturelle.
4. — une fleur coupée longitudinalement pour montrer l'intérieur du tube, le pistil et les étamines.
5. — le pistil et les étamines.
6. — une capsule entière, grandeur naturelle.
7. — la même coupée transversalement, pour montrer ses six loges et leur cloison.
8. — une graine de grosseur naturelle, garnie d'une partie de la membrane papyracée.
9. — une graine nue.

PLANCHE 36.

INSTRUMENTS D'HERBORISATION.

Fig. 1. Loupe à deux verres de foyers différents.
2. Pince terminée par un stylet.
3. Pince pointue par ses branches, pour saisir les plus petits objets.

Fig. 4. Une paire de ciseaux à pointe longue et étroite.

5. Une lancette.

6. Un cueilloir, que l'on emmanche au bout d'une canne pour cueillir les échantillons que l'on ne pourrait atteindre autrement.

7. « Compas forestier, pour mesurer le diamètre d'un arbre à différentes » hauteurs. L'instrument a 16 centimètres de longueur; *a*, est l'an- » neau ou la tête ; les deux lames *b*, *c*, ont 86 millimètres de longueur, » la première est fixe, la seconde est mobile et munie d'une clef *d*; » en tournant l'anneau de gauche à droite elle s'approche de la pre- » mière, le mouvement contraire l'en éloigne. La clef est munie d'une » vis au moyen de laquelle on fixe soit une pointe, soit une plume » métallique, selon l'usage que l'on veut faire du compas, comme on » le voit en *e* et *f* (dont les figures sont grossies), pour mesurer les dia- » mètres ou pour déterminer les distances sur le papier. » (*Extrait de* Thiébaut de Berneaud.)

8. Presse en bois pour mettre en presse les plantes que l'on dessèche entre deux papiers gris. Elle se compose de deux tables *a*, *b*; la planche inférieure *a*, est fixe, la supérieure *b*, mobile : l'une et l'autre ont 60 centimètres de long et 30 de large. Deux vis *c*, *c*, placées aux extrémités et fixées sur deux supports *e*, *e*, se serrent selon le besoin, au moyen de deux écrous *d*, *d* en bois. Les plantes que l'on soumet à l'action de cette presse y restent de 10 à 24 heures au plus, avant de changer les papiers.

Le lecteur qui désirerait établir un herbier durable et facile pour l'étude, en trouvera les procédés très-détaillés dans le *Manuel du Naturaliste Préparateur*, qui se trouve à la Librairie-Encyclopédique de Roret, rue Hautefeuille, 12.

FIN.

BAR-SUR-SEINE. — IMP. DE SAILLARD.

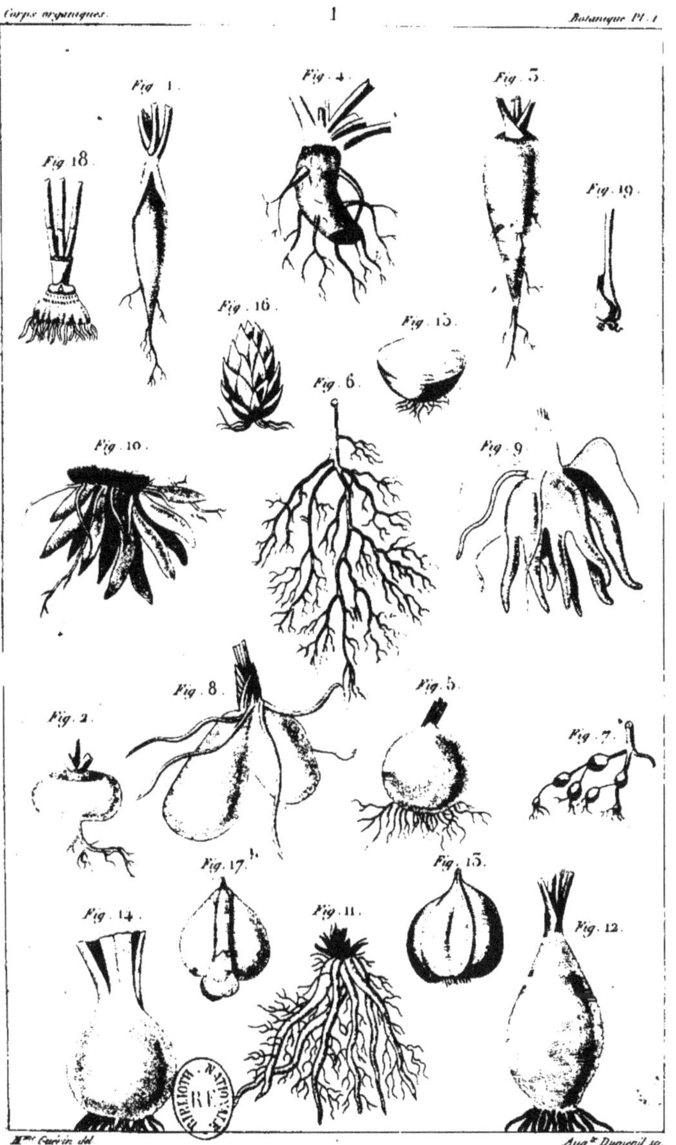

Mme Guérin del. Augte Dumenil sc.

Racines et Gemmes.

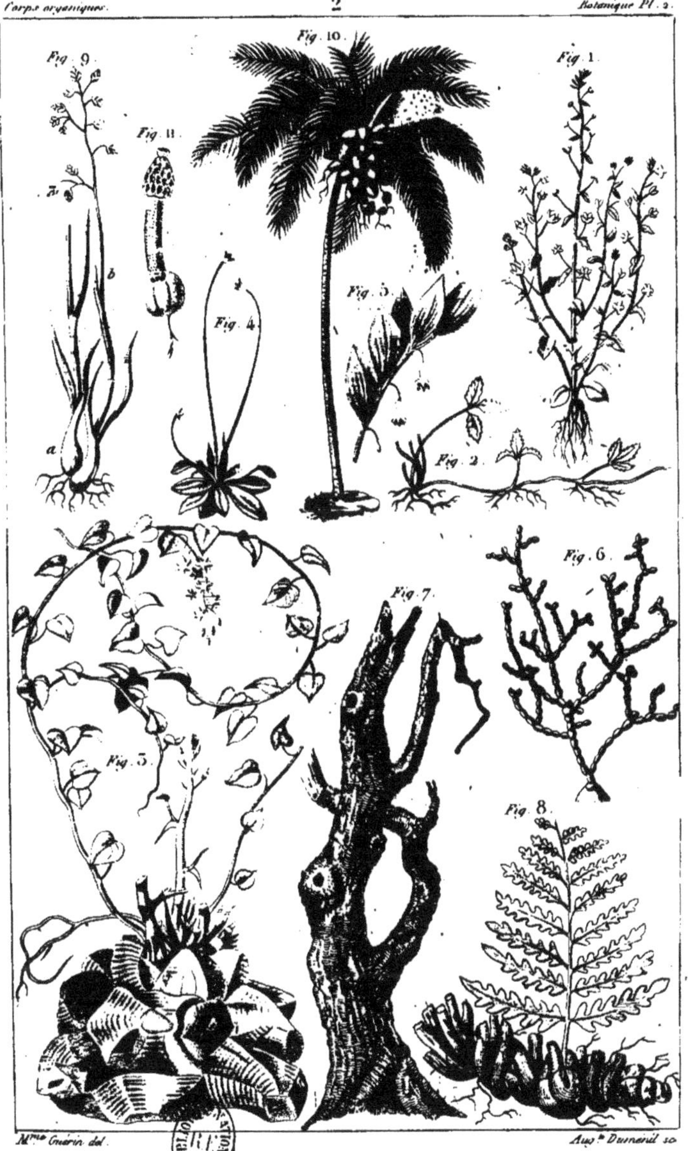

Mme Guérin del. Augte Dumenil sc.

Tiges.

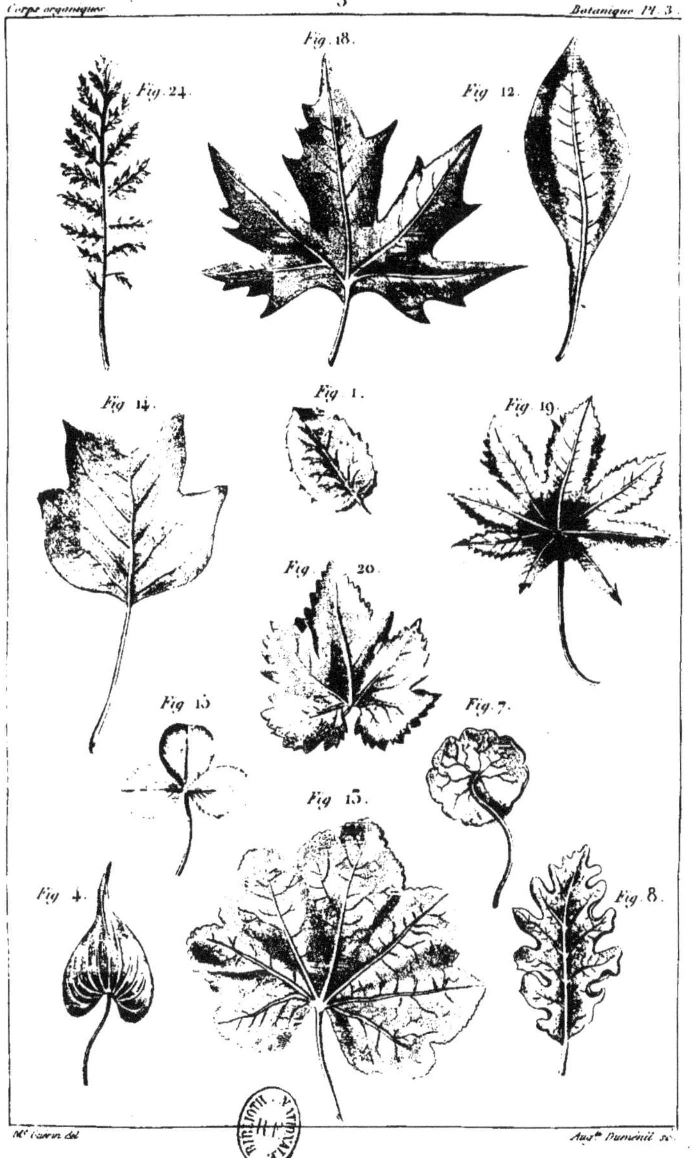

Mlle Garin del. Augte Duménil sc.

Feuilles.

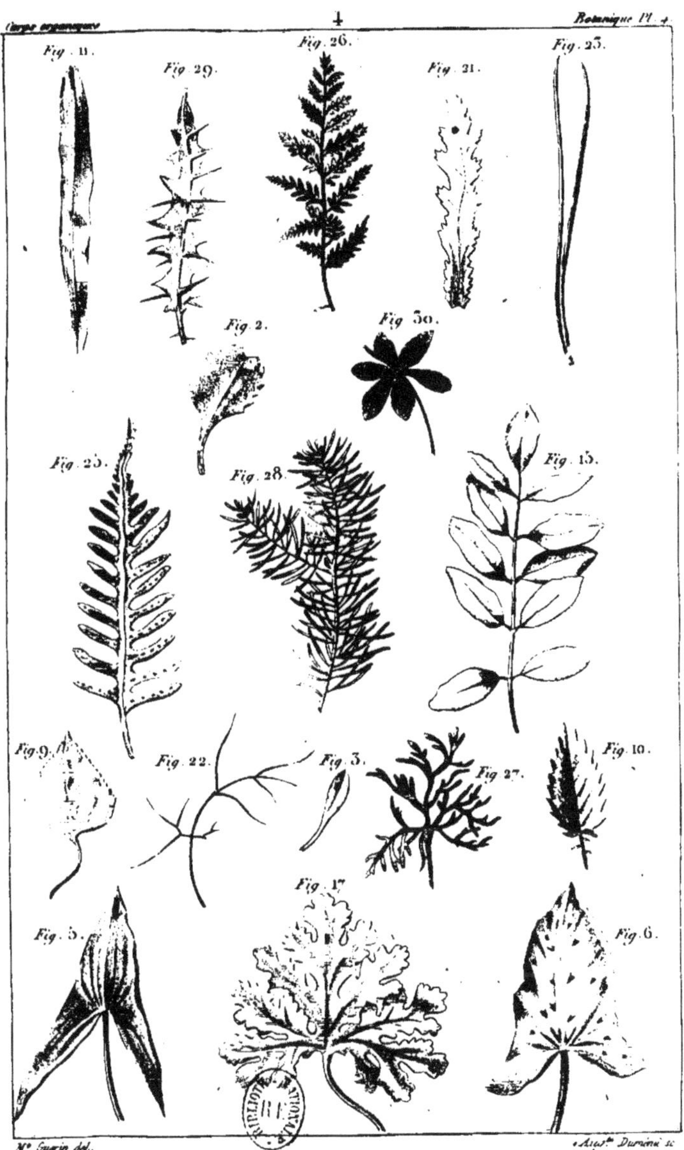

Mme Guerin del. Augte Duménil sc.

Feuilles.

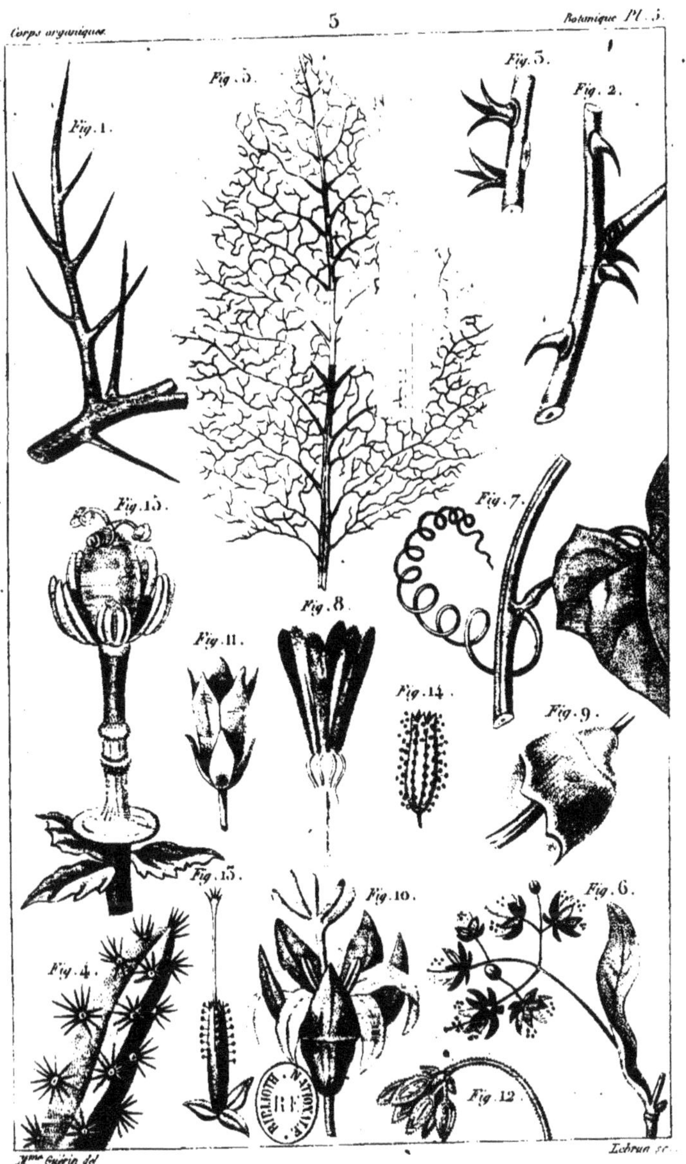

Mme Guérin del. Lebrun sc.

Appareils accessoires.

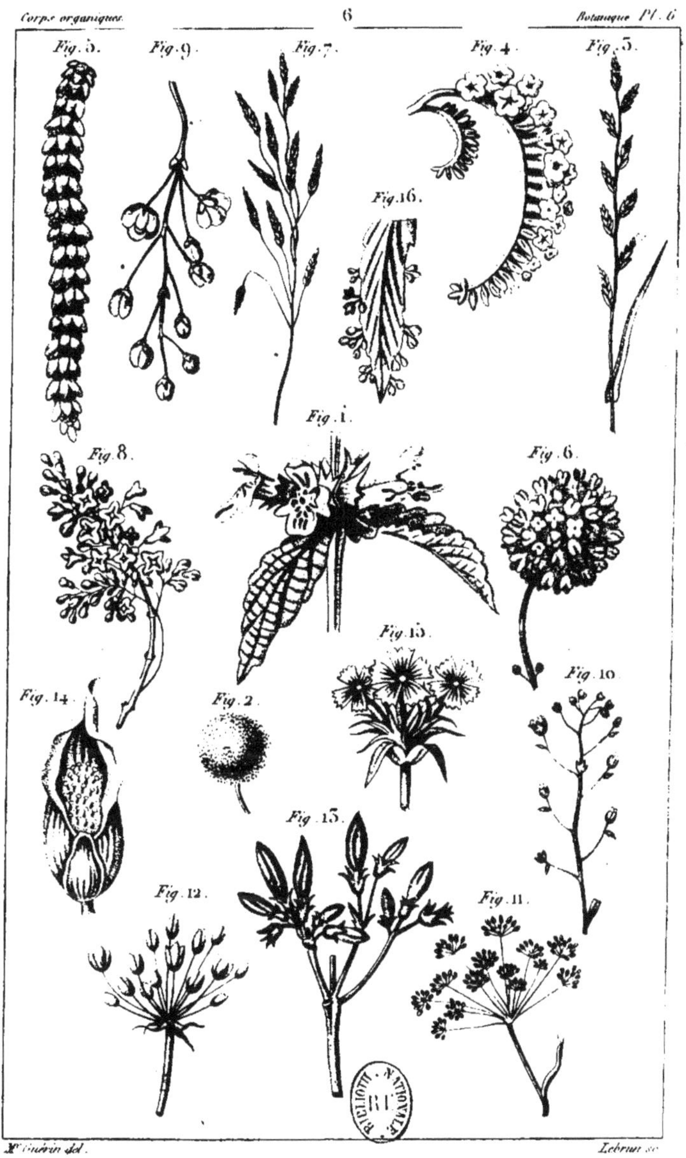

Mme Guérin del. Lebrun sc.

Inflorescences.

Mme Guérin del. Duménil sc.

Corolles (1).

Fig. 17
Fig. 16
Fig. 18.
Fig. 21
Fig. 20.
Fig. 23.
Fig. 19.
Fig. 22.
Fig. 13
Fig. 15.
Fig. 14

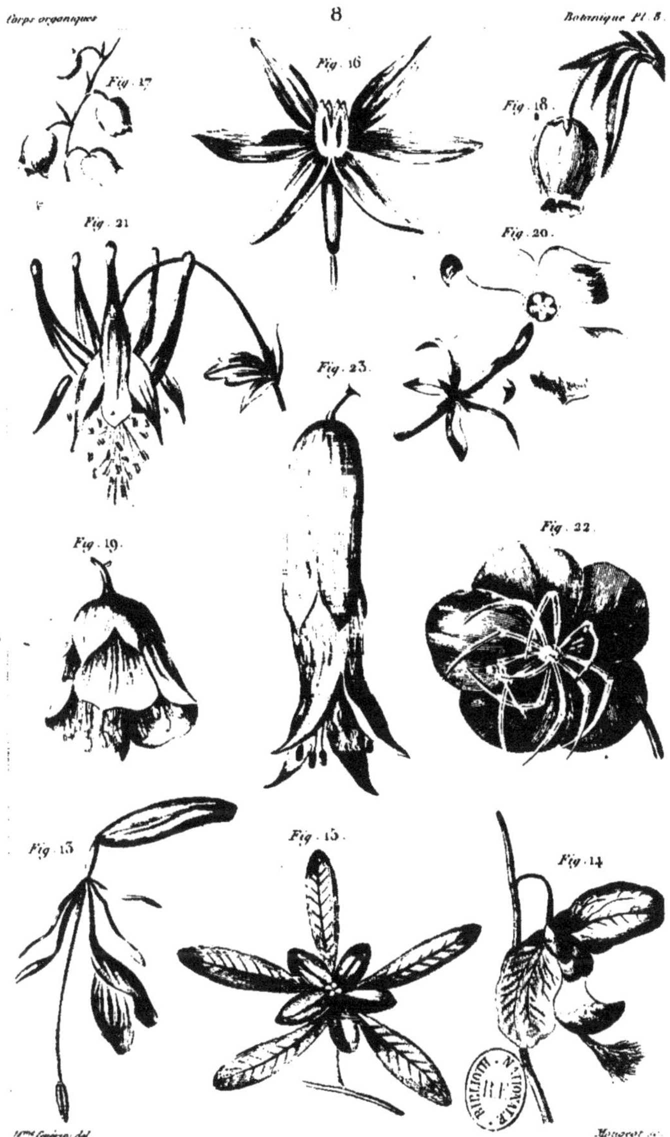

Corolles (2)

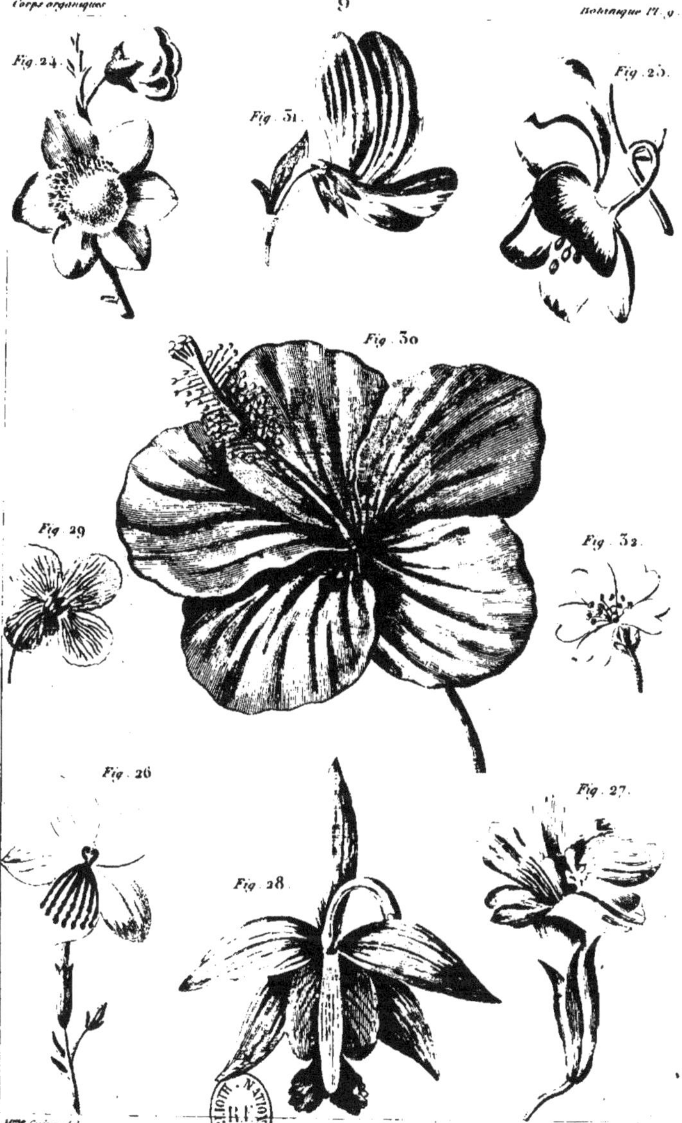

Mme Guérin del. Mougeot sc.

Corolles (3)

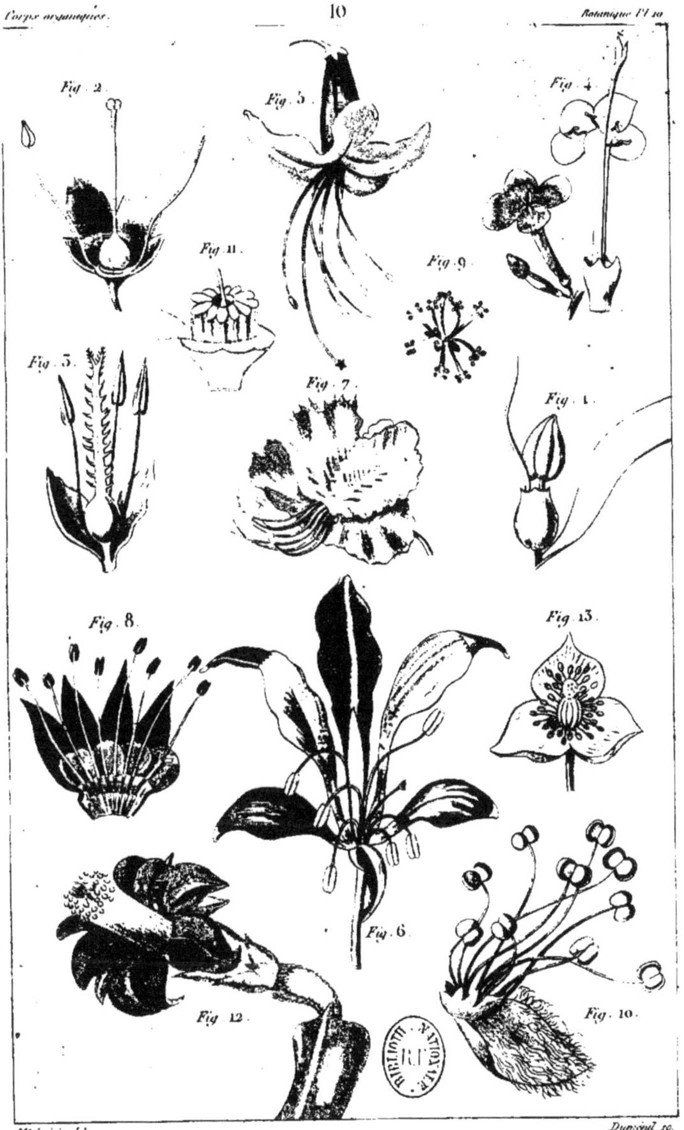

Mme Guérin del. Duménil sc.

Etamines.

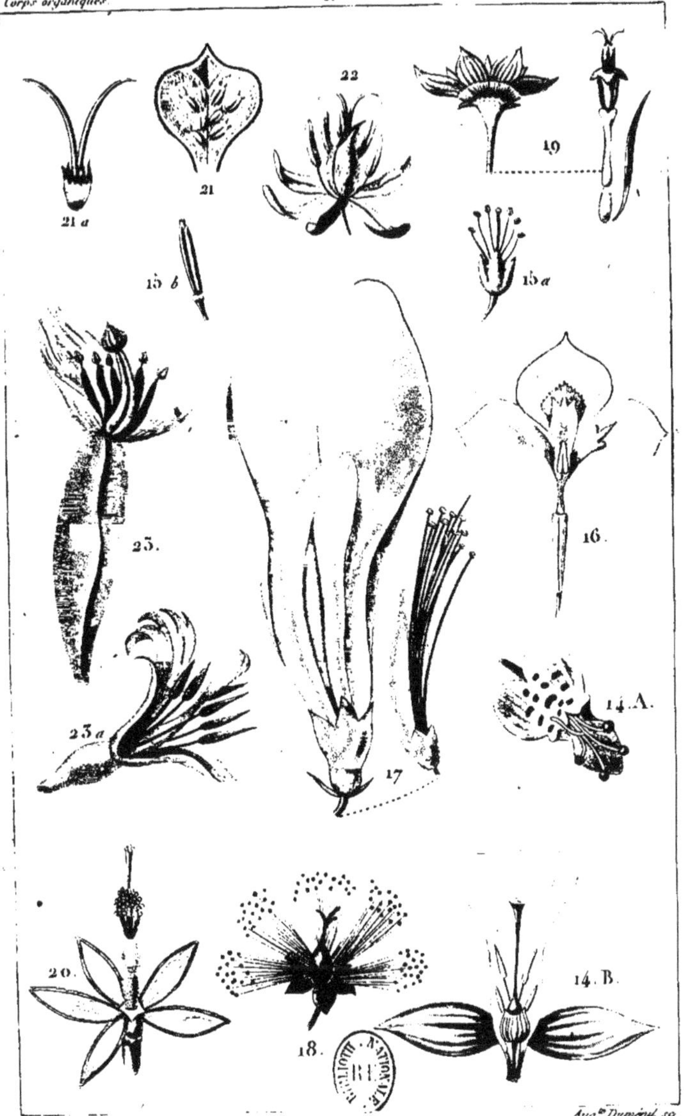

Mlle Guérin del. Aug.te Duménil sc.

Etamines et Pistils.

Fig. 24.
Fig. 11.
Fig. 21.
Fig. 3.
Fig. 14.
Fig. 22.
Fig. 6.
Fig. 12.
Fig. 23.
A. Baron del.
Mougeot sculp.

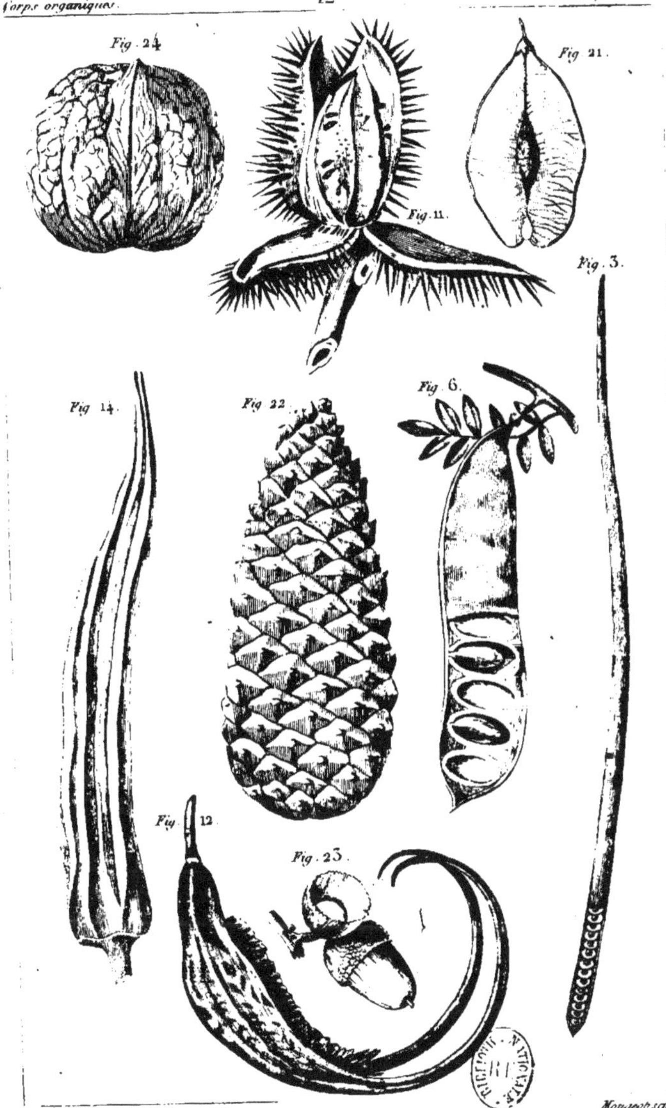

Fruits (1)

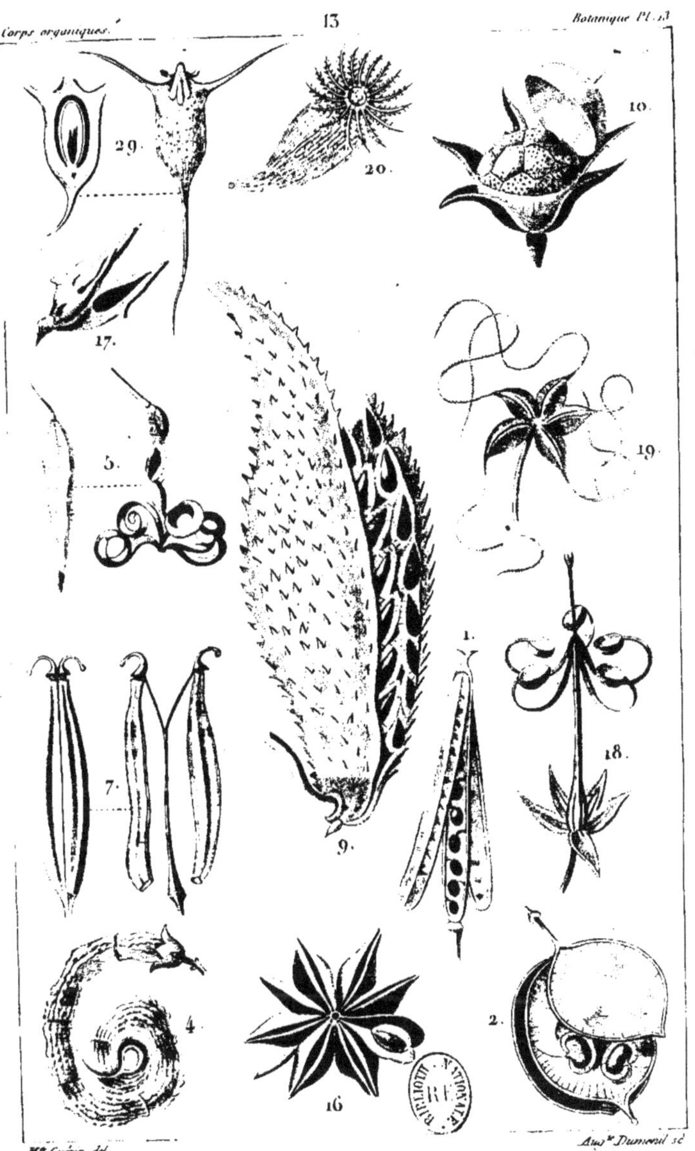

Fruits (2)

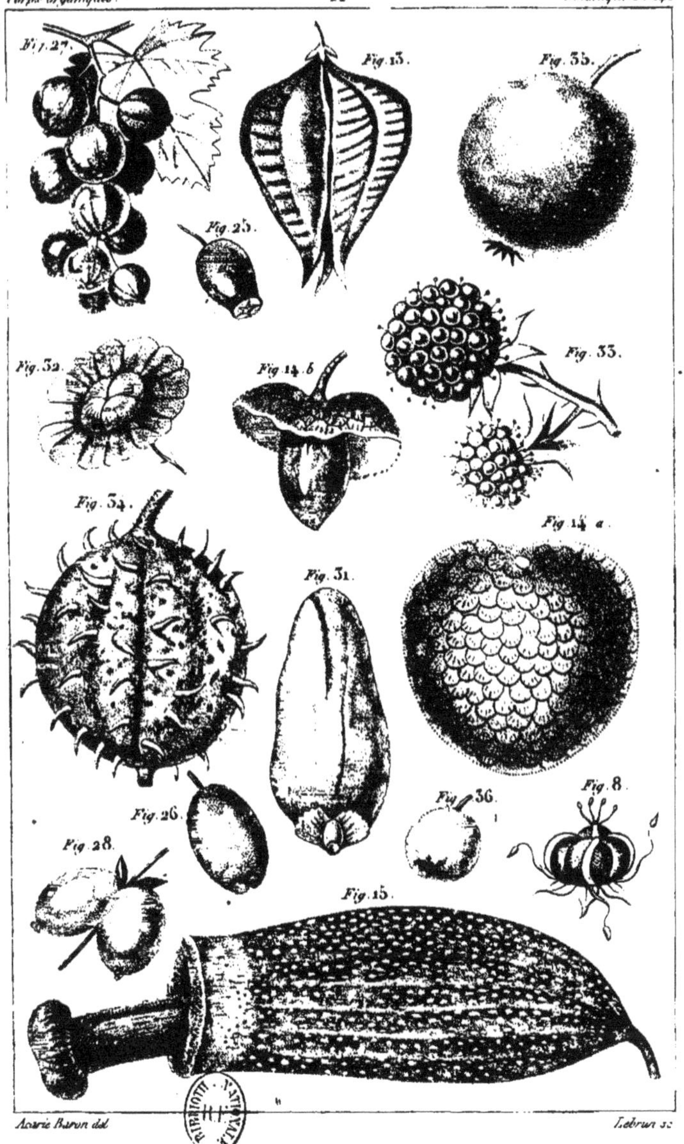

Acarie Baron del. Lebrun sc.

Fruits (3)

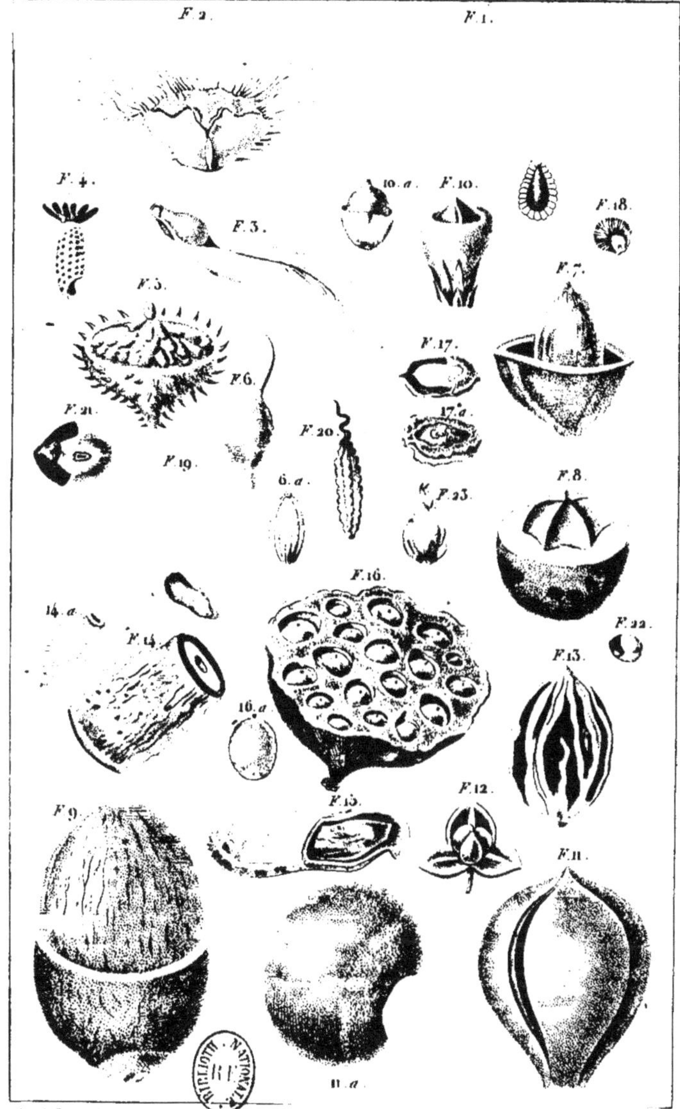

Acarie Baron del. *Duménil sc.*

Graines.

Acarie Baron del. Duménil sc.

Germination (1)

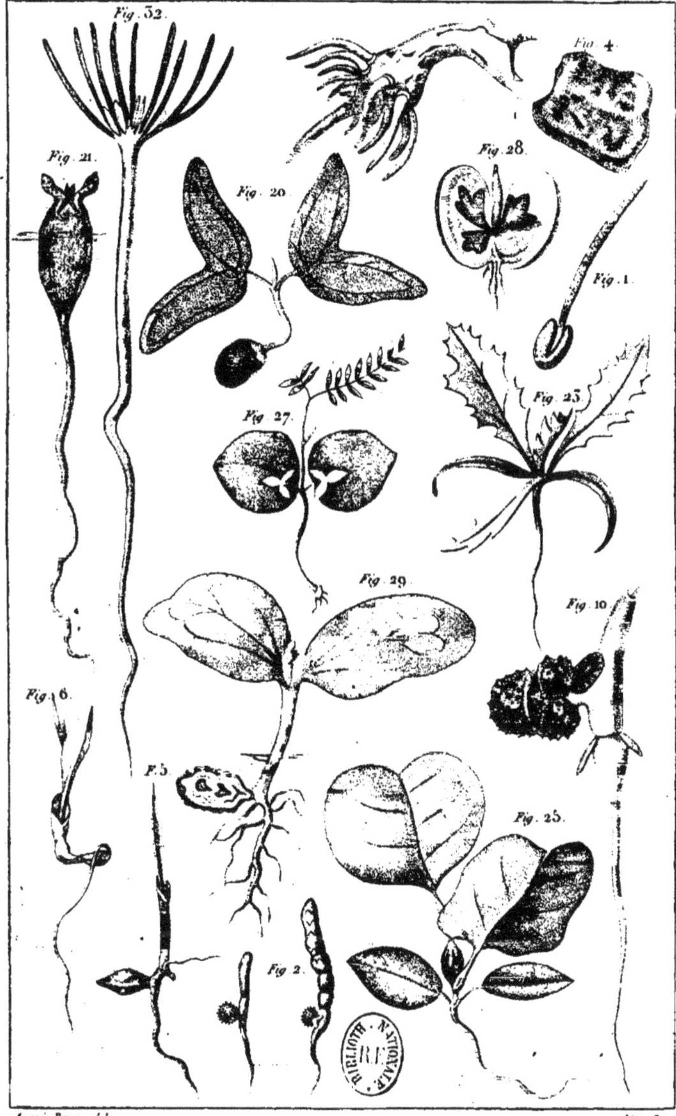

Acarie Baron del. Giraud sc.

Germination (2).

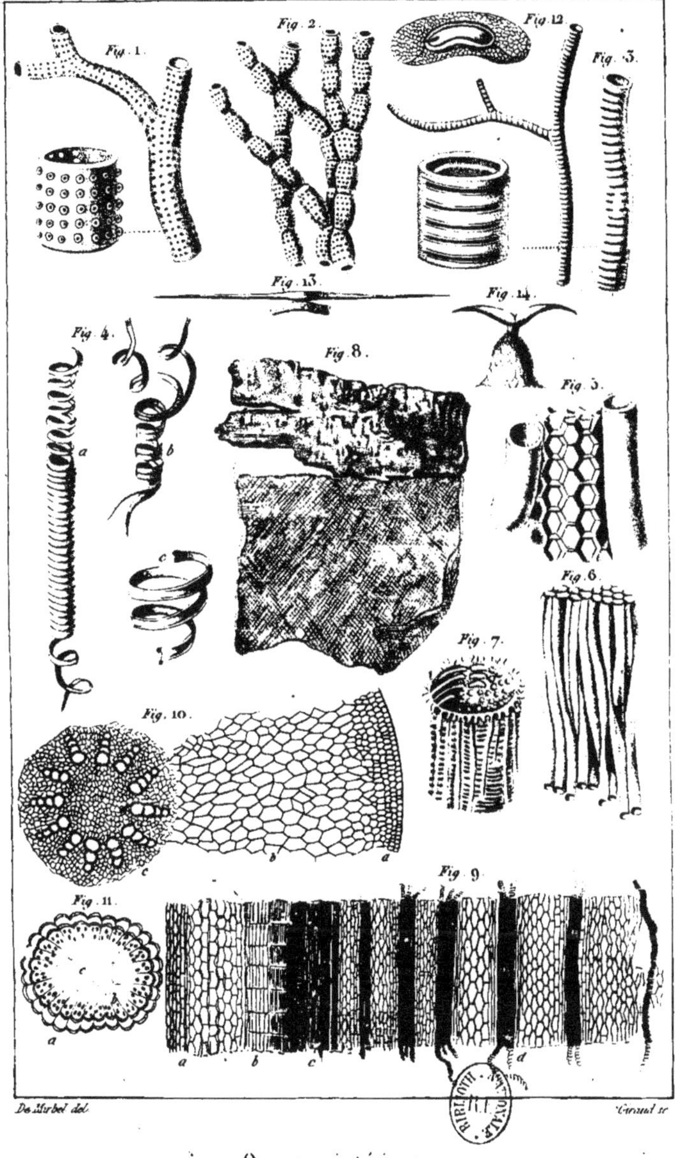

De Mirbel del. Giraud sc.

Organes intérieurs.

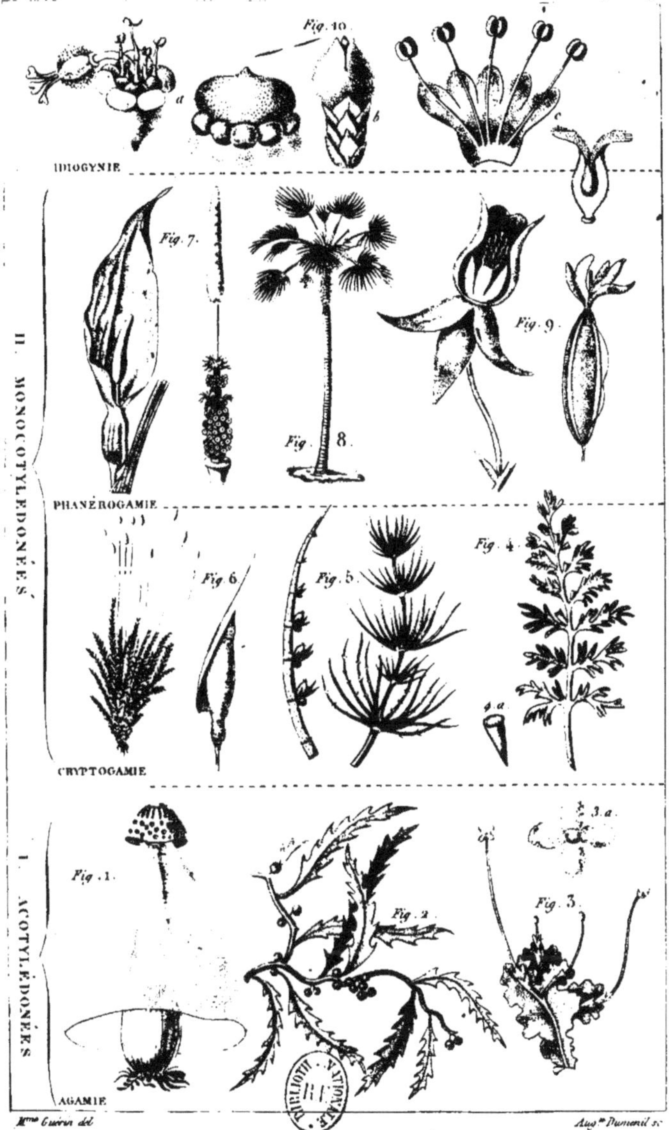

Méthode naturelle (1).

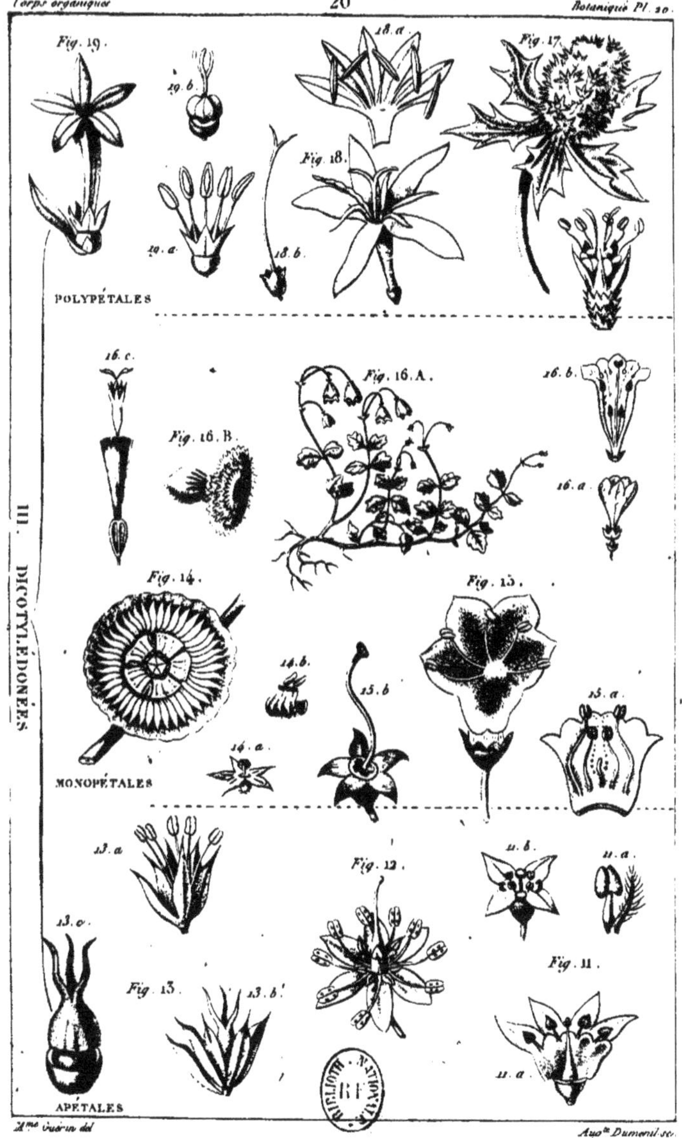

Méthode naturelle (2).

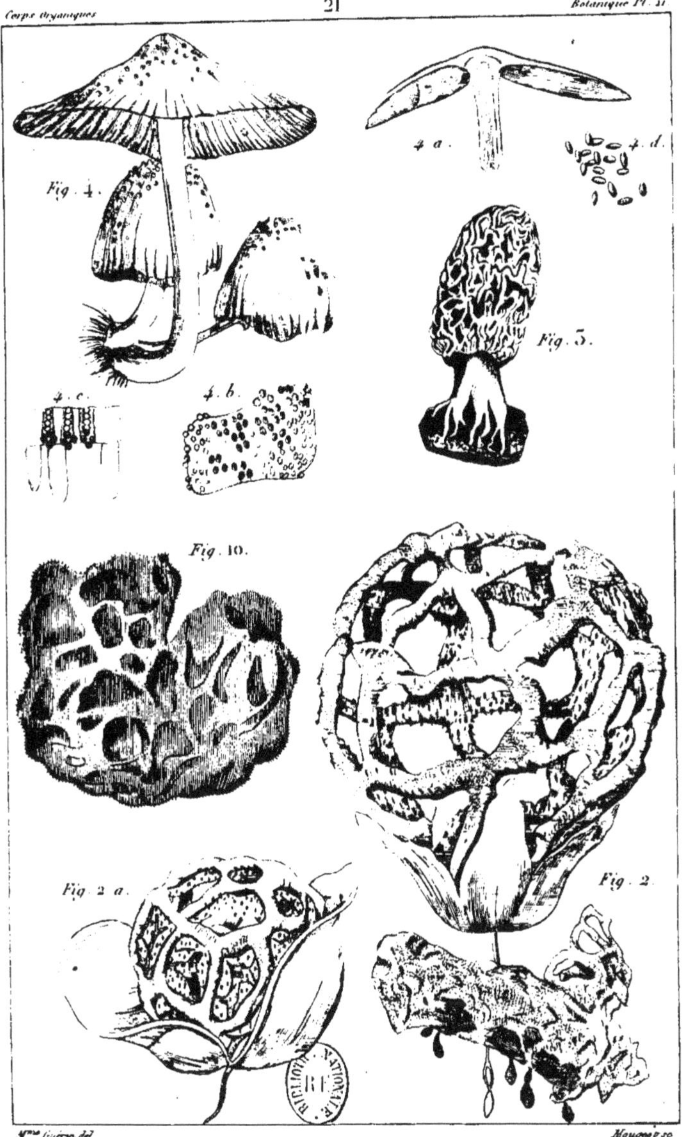

Mme Guérin del. Mougeot sc.

Agamie (1)

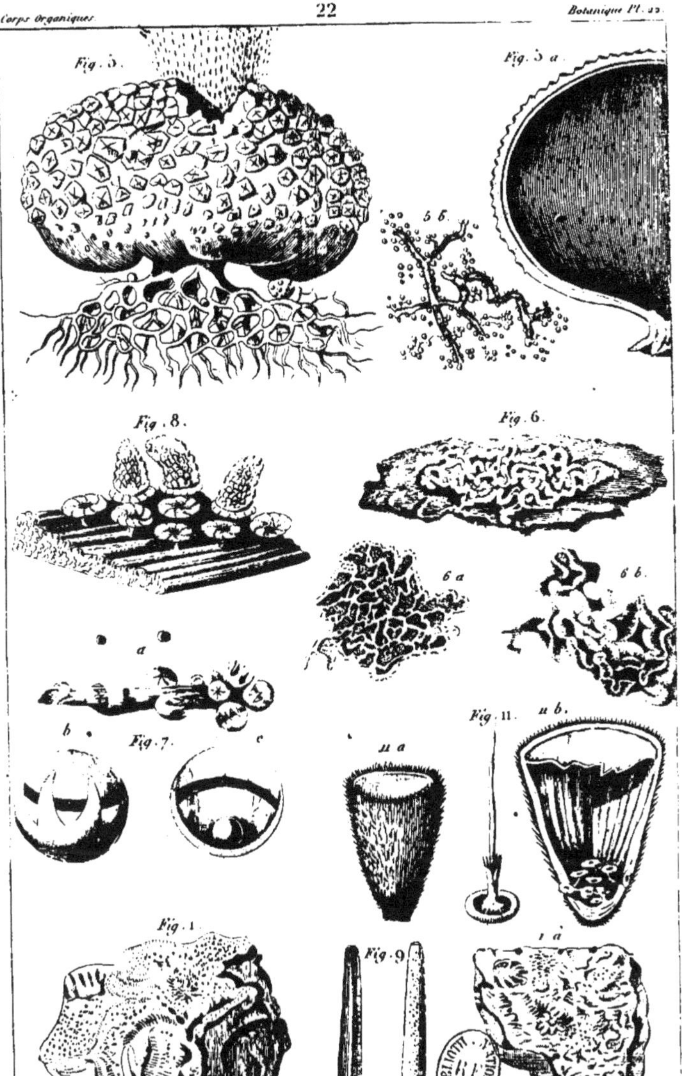

Mme Guérin del. Mougeot sc.

Agamie (2)

Mme Guérin del. Augte Dumenil sc.

Naïades et Mousses.

A. Baron del. Victor sculp.

Fougères.

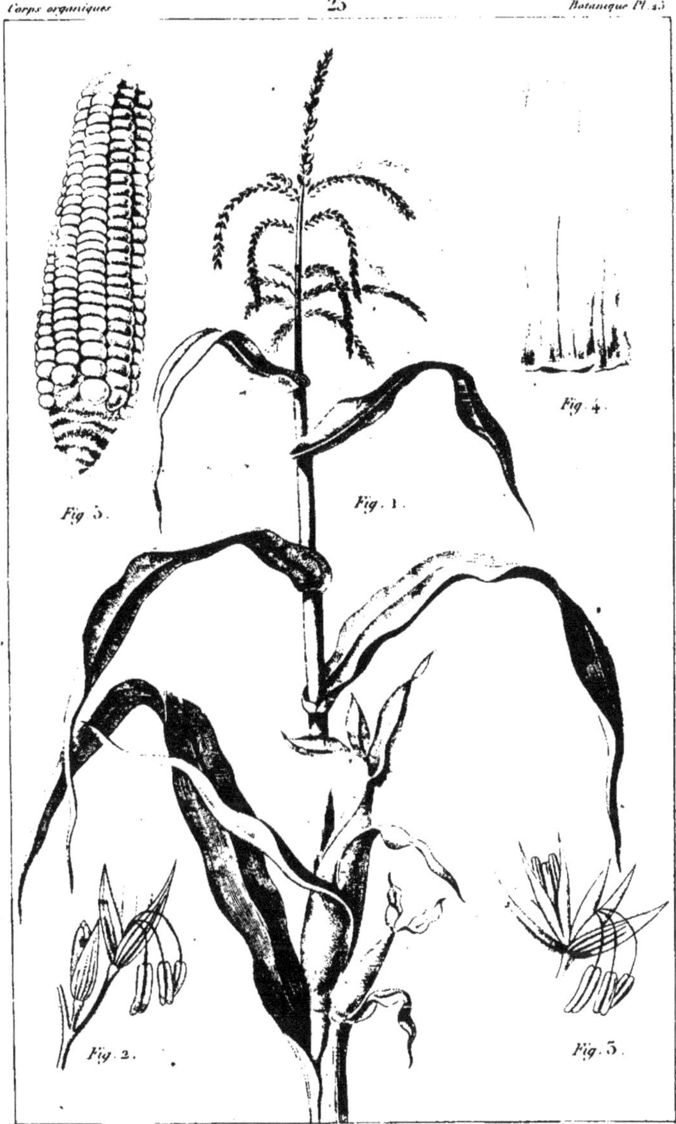

Mme Guérin del. Augte Dumesnil sc.

Graminées

Fig. 1.

Fig. 2.

Fig. 3.

Fig. 4.

Fig. 5.

Mme Guérin del. Victor sc.

Asphodélées.

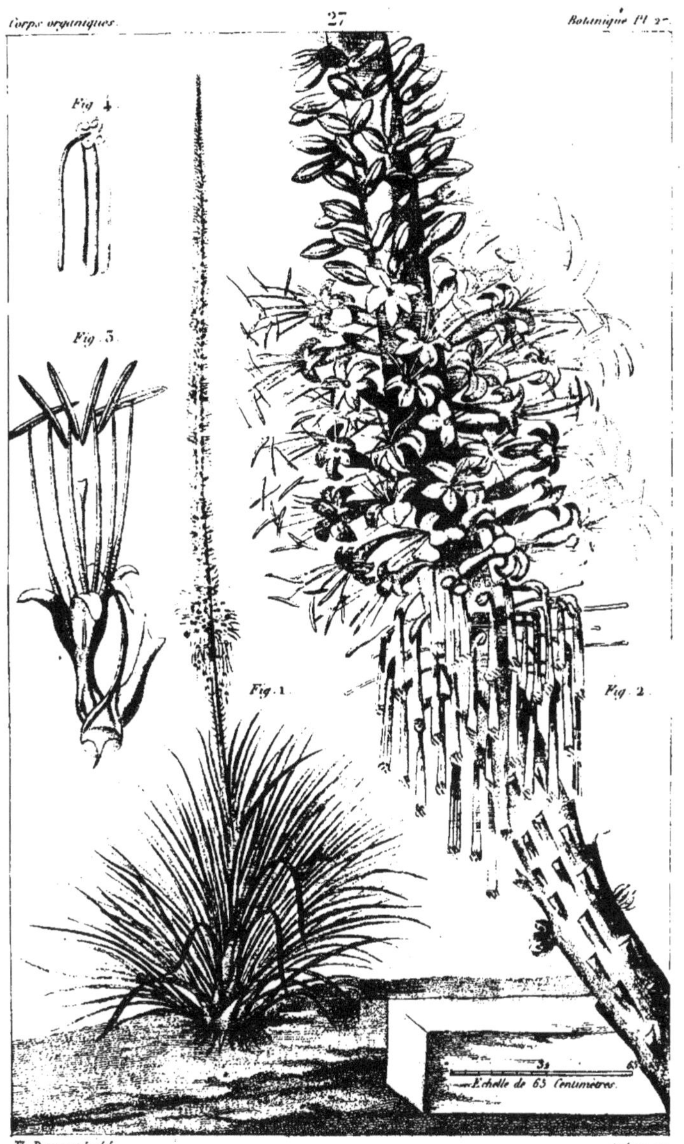

Th. Descourtils del.

Asphodélées

Mme Guérin del. Annedouche Dumesnil sc.

Amomées.

Mme Guérin del. Victor sc.

Orchidées.

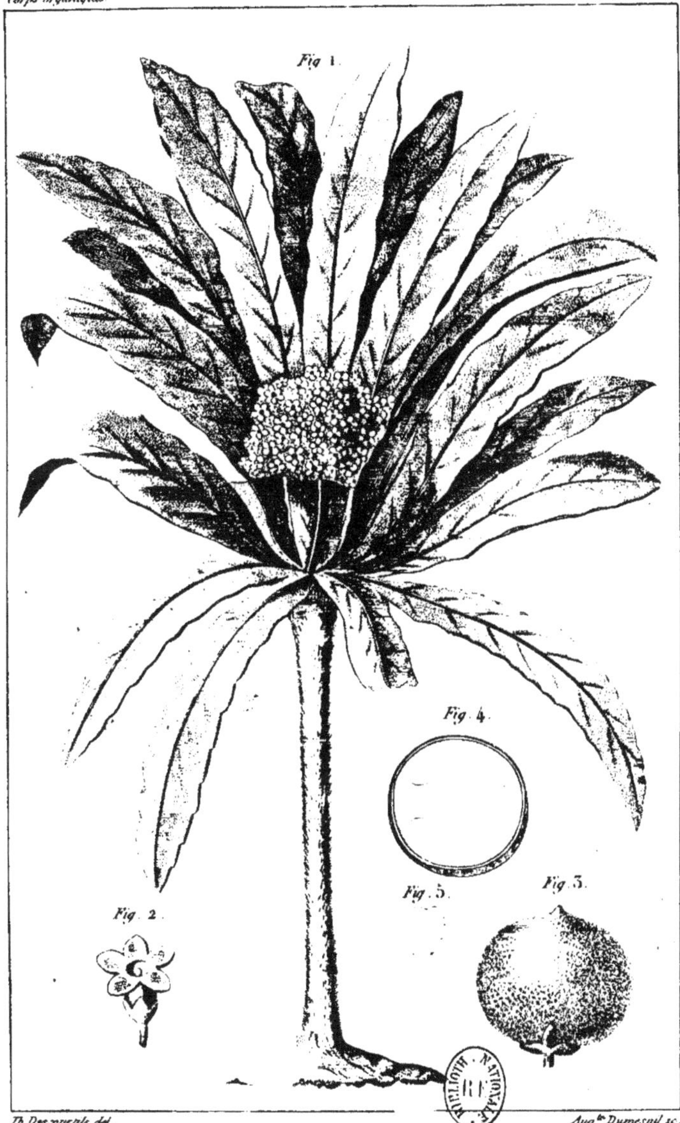

Th. Descourtils del. Augte Dumesnil sc.

Apocynées.

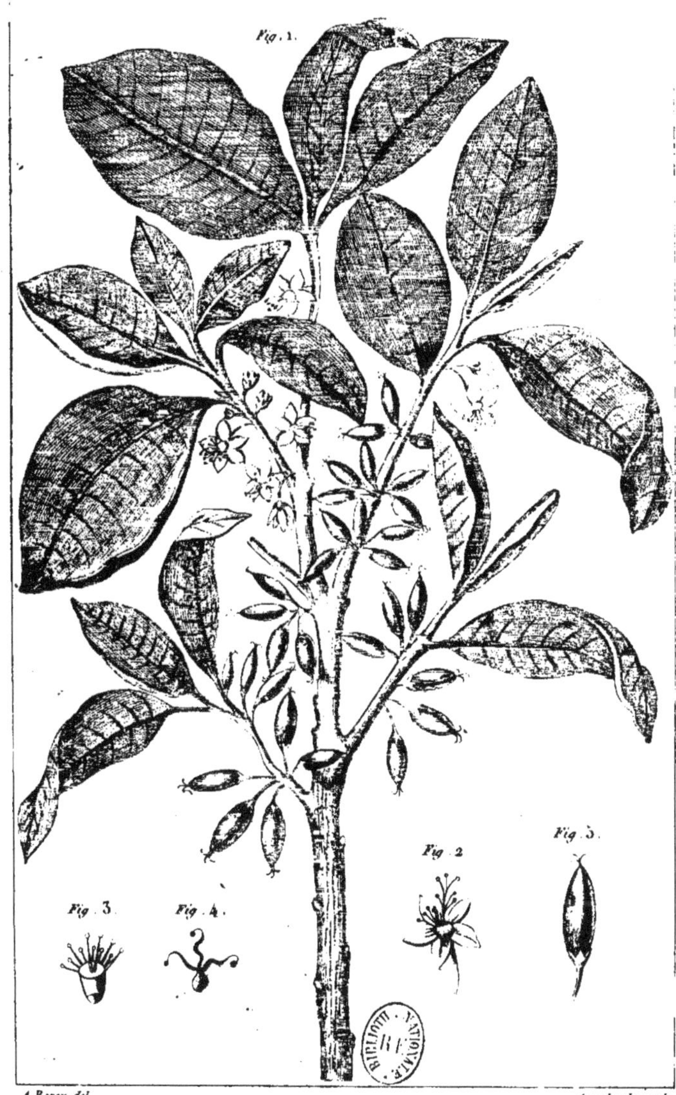

A. Baron del. Annedouche sculp.

Malpighiées.

A. Baron del. Mougeot sculp.

Passiflorées.

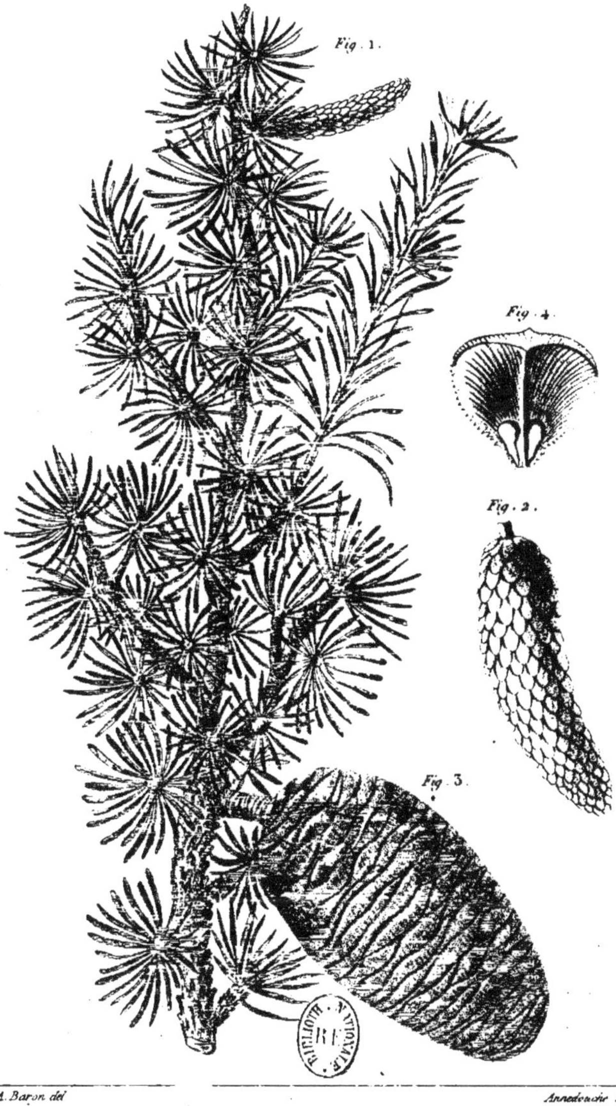

Fig. 1.

Fig. 4.

Fig. 2.

Fig. 3.

A. Baron del. Annedouche sculp.

Conifères.

Fig. 1.

A. Baron del.

sculp.

Amentacées.

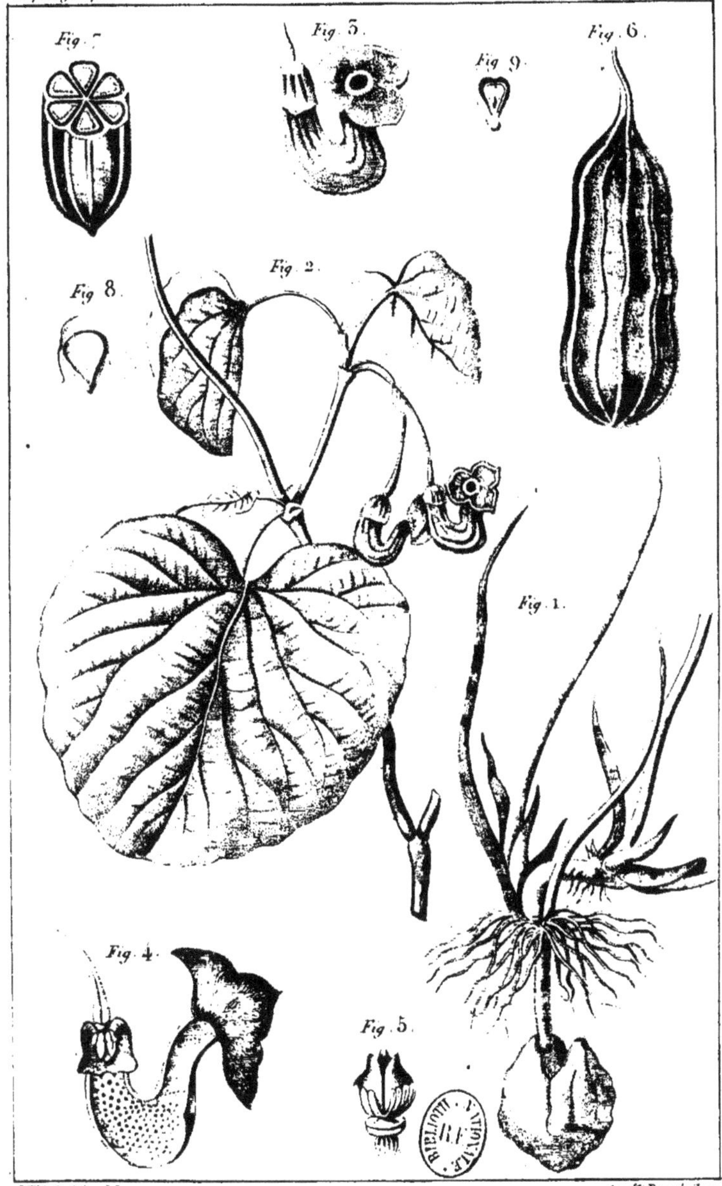

Mme Guerin del. Augte Duménil sc.

Aristolochiées.

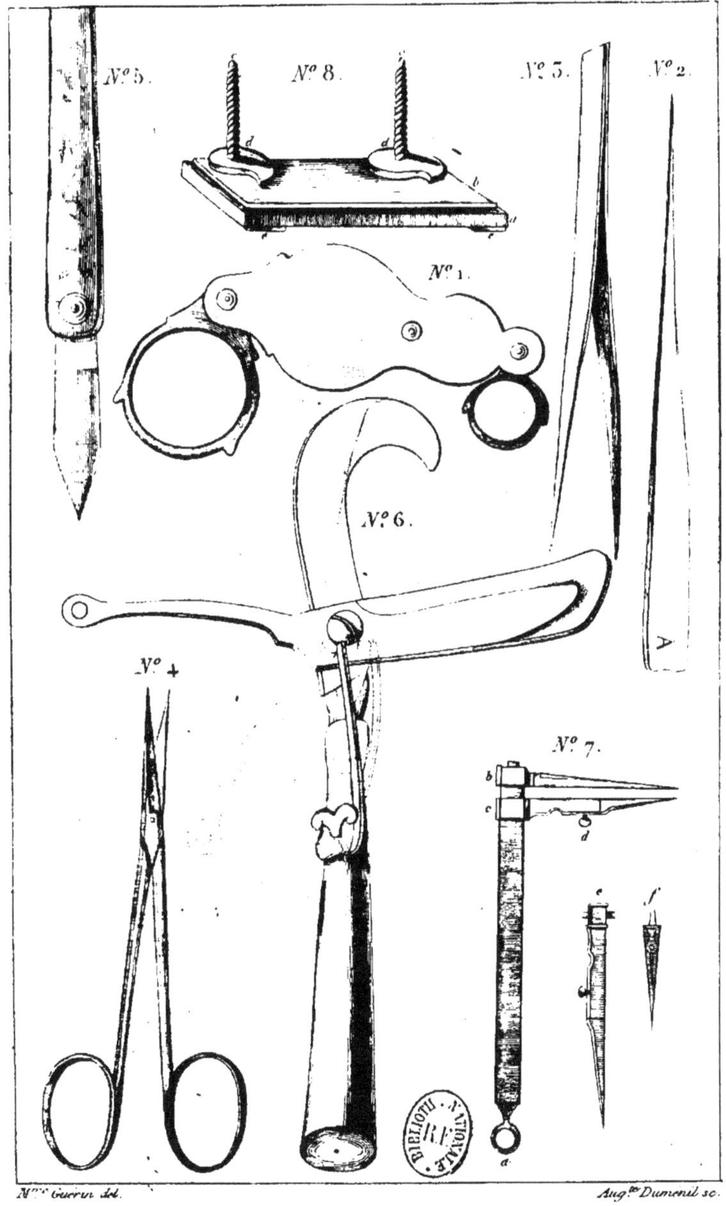

M.me Guerin del.

Aug.te Dumenil sc.

Instrumens pour les Herborisations.

NOUVEAU COURS COMPLET

D'AGRICULTURE

DU XIXe SIÈCLE,

CONTENANT

LA THÉORIE ET LA PRATIQUE

DE LA GRANDE ET PETITE CULTURE, L'ÉCONOMIE RURALE ET DOMESTIQUE, LA MÉDECINE VÉTÉRINAIRE, ETC.

Ouvrage rédigé sur le plan de celui de ROZIER, duquel on a conservé les articles dont la bonté a été prouvée par l'expérience;

PAR LES MEMBRES

DE LA SECTION D'AGRICULTURE DE L'INSTITUT ROYAL DE FRANCE, ETC.,

MM. THOUIN, TESSIER, HUZARD, SYLVESTRE, BOSC, YVART, PARMENTIER, CHASSIRON, CHAPTAL, LACROIX, DE PERTHUIS, DE CANDOLLE, DUTOUR, DUCHESNE, FÉBURIER, BRÉBISSON, ETC.,

La plupart membres de l'Institut, du Conseil d'Agriculture établi près le Ministre de l'Intérieur de la Société d'Agriculture de Paris, et propriétaires cultivateurs.

16 gros volumes in-8° (ensemble de plus de 8,800 pages.)

ORNÉS D'UN GRAND NOMBRE DE PLANCHES.

Prix : 56 francs au lieu de 120 francs.

Cet ouvrage, le meilleur en ce genre, édité par M. DETERVILLE, ne doit pas être confondu avec des publications mercantiles où quelques bons articles sont confondus avec des vieilleries décousues qui pourraient induire le cultivateur en erreur.

Paris. — Imprimerie de Pommeret et Moreau, quai des Grands-Augustins, 17.

www.ingramcontent.com/pod-product-compliance
Ingram Content Group UK Ltd.
Pitfield, Milton Keynes, MK11 3LW, UK
UKHW021557260726
13993UKWH00002B/900